U0351160

谁为人类 谁为人类
人 忏悔 谁为人 忏悔
悔 忏悔 类
悔 谁为人 谁为人 忏悔
忏悔 忏悔
类
谁为人类
悔
为人忏悔
忏悔
为人类
忏悔
为人类
忏悔
类

这是一部引起很多思考，

唤起理性良知，

反省重估人类文明的好书。

当代著名藏族学者、《爱心中爆发的智慧》作者
多识·洛桑图丹琼排鼎力推荐

长达 15 年之久的田野调查和采访，
历时 5 年的精心写作和沉着思考，
这部书凝聚了作者 20 年的心血。

这是一部纯粹的田野思想笔记，
人与自然和谐关系的哲学思考，以及宗教情怀和人文
关怀的完美结合，
构成了这部著作的独特魅力。

这是一部文本意义上具有强烈震撼力的情感大散文，
神秘奇特的地域民族文化背景和沉静典雅的文字表达
成就了这部书的奇妙篇章。

堪称东方的《瓦尔登湖》和《寂静的春天》，
悲悯神圣的启示和缘于万物生灵的心灵随想，
使它具有了慈悲和智慧的力量。

编者的话

谁为人类忏悔

古岳 著

民族出版社

古岳，又名野鹰，本名胡永科

藏族，记者，作家，全国文化名家暨"四个一批"人才，青海省高端
创新人才"千人计划"（培育）杰出人才。已出版《忧患江河源》《写
给三江源的情书》《黑色圆舞曲》《玉树生死书》《生命密码》《坐在菩
提树下听雨》《巴颜喀拉的众生——藏地的果洛样本》《雪山碉楼海棠
花——藏地班玛纪行》《棕熊与房子》等十余部作品。

目录

嗡

当我把那些羊儿赶向村庄后面童年的山坡时，我梦中的大草原就在祖先们迁徙漂泊的路上渐远，最后就只剩下一个背影了。

嘛

你可曾望见一片片大草原坍塌成废墟的过程，那过程就是亿万棵牧草灰飞烟灭的过程，就是大自然壮烈死亡的历史。

呢

森林啊，我亲爱的森林，你曾如此地熨帖过我们的灵魂，如此地抚爱过我们的生命，你给了我们一切，而我们却是那样地忘恩负义……

叭

用来讴歌生命万物的颂词不得已要用杀戮的悲惨作铺垫，在我已是一种悲哀了。嗡嘛呢叭咪吽。慈悲的祝祷已响彻天涯，而生命欢呼的天涯却已零落成血色苍茫的荒野。我从那荒野上走过，我听见生命的挽歌正在凄婉哀鸣。

咪

从一条条干涸的河床循源而去时，其实我就在寻找那些曾经的河流，那些或壮阔或舒缓的河流。那满河床硕大的石头或许还记得有河在上面汹涌流淌的历史。

吽

地球用数十亿年的时间成就了生命万物，而人在地球上开始大范围走来走去才是近几万年的事，但它却用后面的一两个世纪就改变了一切。